すぐに実践シリーズ

こうすれば安全！
フォークリフト作業

中央労働災害防止協会

工場、倉庫、小売店のバックヤードなど、フォークリフトは荷役運搬を行うあらゆる職場で日常的に使用されています。

　小回りが利き効率的に運搬ができる便利な機械ですが、その扱いやすさから危険性を強く認識せず、安全確認を怠る、本来の用途以外に使用する、スピードを出し過ぎるなど、慎重さを欠いた操作によって災害が多発しています。

　本書では、フォークリフト作業でよく見られる災害事例をもとに、どのように災害が発生したか、どうすれば災害を防ぐことができるかを考えていきます。

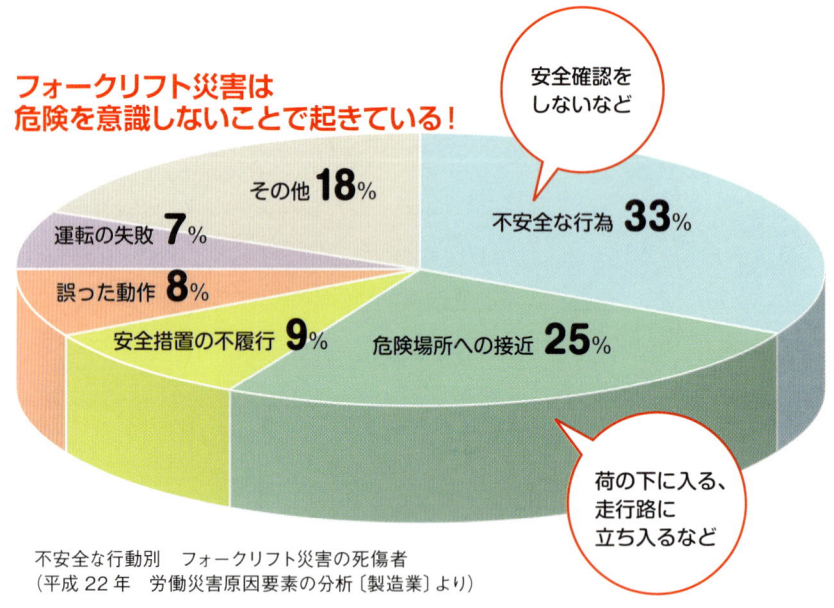

不安全な行動別　フォークリフト災害の死傷者
（平成22年　労働災害原因要素の分析〔製造業〕より）

安全作業のルールを守り、正しく操作。フォークリフト作業をご安全に！

ちょっと待った！ 作業の前に必ず確認

必要な資格を持っていますか？

フォークリフト運転には、性能に応じて必要な資格があります。

使用するフォークリフトの最大荷重が・・・

- 1トン以上→　フォークリフト運転技能講習
- 1トン未満→　特別教育

無資格者が運転したことで多くの災害が発生しています！
「ほんのちょっとした作業」でも、無資格者の運転は厳禁です。

安全作業、準備OK？

　フォークリフト作業は作業計画に基づいて作業指揮者の指揮により行います。

　作業計画には作業場所の状況や使用するフォークリフト、荷物やフォークリフトの運行経路など安全上の重要な情報が含まれます。作業開始前に、作業計画の図面だけではなく作業場所を実際によく見て、危険を感じる箇所がないか確認しておくことが大切です。

　誘導者がいる場合は、作業前に合図の方法も確認しましょう。

フォークリフトの荷が崩壊し、作業者が荷に激突される

フォークリフトが走行通路内で建材ボードを運搬中、作業者の横断通路に物陰から不意に作業者が出てきたため急ブレーキをかけたところ、荷が崩れて作業者に激突した。

ここが危ない

1. 荷を結束するなど、荷崩れ防止の措置をとっていなかった。
2. 横断通路周辺の見通しが悪くなっていた。
3. 走行通路の横断の際に安全確認が行われていなかった。

こうすれば安全

1. 荷を運搬するときは結束し、マストを十分後傾させる。
2. 横断通路は見通しよく十分な広さを確保し、フォークリフトと作業者が接近するときは「運転者は一時停止」「作業者は左右確認」などのルールを守る。
3. 作業者がフォークリフト走行通路を横断する箇所には指差し呼称で左右確認の表示・標識を掲示する。

作業者、運転者の両方に安全ルールを徹底する。

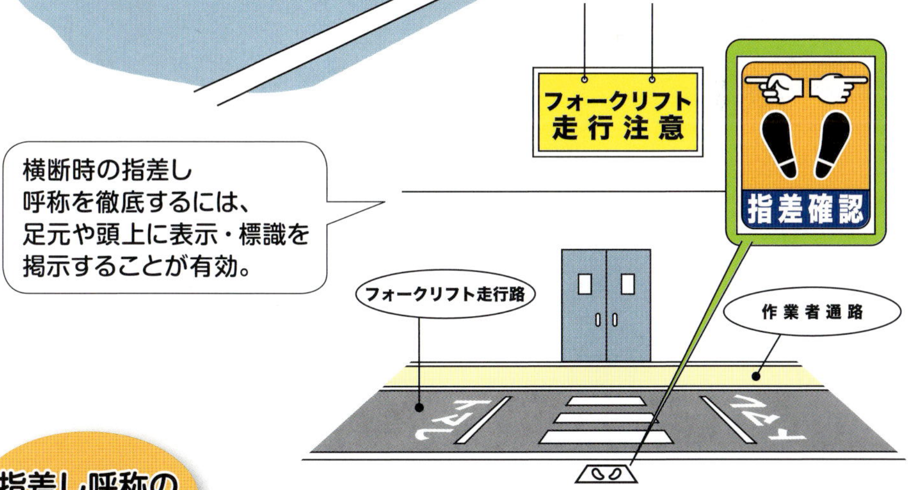

横断時の指差し呼称を徹底するには、足元や頭上に表示・標識を掲示することが有効。

指差し呼称のポイント

「横断通路　左、右　ヨシ！」

大きな荷を載せたフォークリフトに作業者が激突される

大きな荷をトラックに積むためフォークリフトで運搬中、トラック後方でフォークリフトに背を向けて段取り作業をしていた作業者に激突した。

ここが危ない

1. 大きな荷が運転者の視野を妨げていた。
2. 運転者の視野が悪いのに誘導者が配置されていなかった。
3. 運転者・作業者の間で作業場所などの打ち合わせが不十分だった。

# こうすれば安全

1. 大きな荷を運ぶ場合は①バックで走行する。②誘導者を付けて走行する。
2. 同一構内で複数の作業者が作業する場合、作業内容や通行区分などを作業前の打ち合わせで確認する。

> バックする際は、あらかじめ後方の安全を確認し、後退警報機を鳴らしながら走行する。

> 誘導者は作業者と区別しやすいよう腕章などを着用。誘導者自身も安全な位置に立つこと。

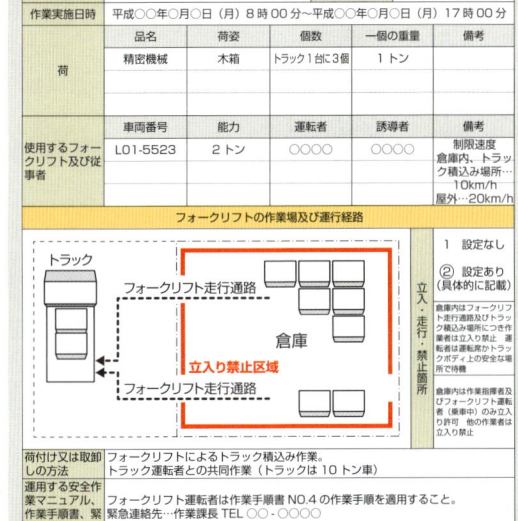

指差し呼称のポイント

「進路に人ナシ　ヨシ！」

 ## 運転者がマストとヘッドガードの間にはさまれる

運転者がフォークをパレットに差した際に荷崩れが起きたため、運転席から前方に身を乗り出して荷を直していたところ、誤って体がティルトレバーに触れてマストが後傾し、マストとヘッドガードの間に頭部をはさまれた。

ここが危ない

1. 荷が結束されず不安定だった。
2. フォークリフトから降りずに積荷を直そうとした。

# こうすれば安全

1. 荷崩れのおそれのある荷は結束用のベルトやシートなどで固定する。
2. 荷崩れを直すときはフォークを地面まで降ろし、運転席を降りてから行う。運転席を離れるときは、無資格者が操作しないようにキーを抜き取る。

「荷の安定ヨシ！」

「短い距離だから結束しなくても…」「短い時間だからキーを抜かなくても」という"ちょっとぐらい""これくらい"が事故を招く！

「キー抜き取りヨシ！」

操作レバーへの接触は危険！

エンジンをかけた状態で右側から乗降しようとして、ハンドルの右にある操作レバーに誤って接触したことによる事故も起きています。離席時のキー抜き取りと併せ、左側乗降を心がけましょう。

右側から乗降しないようにプラスチックチェーンなどを取り付けることも有効。

指差し呼称のポイント

「（運転席を離れるとき）キー抜き取り　ヨシ！」

フォークリフトのパレットに乗って作業中に墜落

倉庫の天井に設置された空調機のフィルターを交換するため、フォークに差したパレットに作業者を乗せてマストを上げたところ、上向きで作業に集中していた作業者が足を踏み外しパレットから墜落した。

ここが危ない

1. フォークリフトのパレットに作業者を乗せてマストを上げ、高所作業をさせた。（用途以外の使用は禁止）

 こうすれば**安全**

1. 作業者の足場代わりにしたり、作業者を高所に運ぶなど、フォークリフトの用途以外の使用は厳禁。
2. 足場のない場所での高所作業には、手すり・柵等の墜落防止設備等を設けた高所作業車等を使用する。
3. 高所作業では安全帯・保護帽を着用する。

垂直昇降型高所作業車（ホイール式）

高所作業では、作業に適した装置・器具を使用し、必要な保護具を着用する

可搬式手すり付作業台

※高所作業車の運転操作には法定資格が必要です（作業床の高さ10m以上：技能講習、10m未満：特別教育）
※垂直昇降型高所作業車は安全帯着用義務はありませんが、安全確保のために着用しましょう。

指差し呼称のポイント

「（高所作業は）安全帯着用　ヨシ！」

10

フレキシブルコンテナを運搬中にカーブでフォークリフトが横転

不整地の作業場で、土砂が入ったフレキシブルコンテナをフォーク（爪）の右側に差し、マストを3mの高さに上げてバックしながら左後方に急旋回したところ、バランスを崩してフォークリフトが横転した。

ここが危ない

1. フレキシブルコンテナを片側に吊り重心が偏った状態で走行した。
2. マストを高く上げたまま走行した。
3. 荷がブレやすい不整地の走行中に急制動をした。

 こうすれば**安全**

1. たとえ積載荷重が小さな荷でも、フォークの片側に吊って運搬しない。クレーンアームなどのアタッチメントを使用するか、２本のフォークを中央に寄せて専用の吊り具を使用する。
2. 吊り荷はできるだけ低い位置に下げて運搬する。
3. 行路が平坦であるか確認してから運搬する。
4. 急制動は禁止。路面に凹凸があるときは特に速度を抑えて走行する。

クレーンアームアタッチメント

専用吊り具

急制動や不整地の走行で車体が振れると重心がずれ、高く吊られた荷がゆれると、さらに重心が大きくずれて転倒の危険が高まる。

フォークリフトは、**左右の前輪**と**後輪の車軸の中心**を結ぶ三角形内に重心があるときに安定して走行できる。

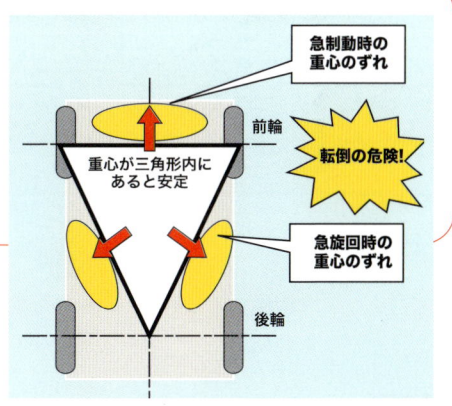

指差し呼称のポイント

「積荷のゆれなし　ヨシ！」

12

フォークが不意に下降して作業者が腕をはさまれる

板材を積んだパレットが3段重ねになっており、一番上のパレットをフォークリフトが持ち上げたところ、床上の2段目の板材がずれたので近くの作業者が手で直そうとしたときにフォーク昇降用の油圧パイプが破断、急にフォークが降下して腕をはさまれた。

ここが危ない

1. リフトされた荷の下に入って作業した。
2. フォークリフトの整備不良により欠陥が見過ごされていたこと。

1. フォークでリフトした荷の下には立ち入らない、立ち入らせない。
2. 始業時には作業開始前点検を行い、不良箇所があれば上司に報告して修理してから使用する。

使用開始前点検が終わるまでキーは差さない！
他の作業者が不用意に操作しないように「点検中」等の標識を運転席に掲示。

使用開始前点検項目（例）

点検箇所	点検内容（主なもの）
エンジン	燃料・冷却水・潤滑油・バッテリー液の量・漏れ、ベルトの張り、異音、排気の色
制動装置	ペダルの遊び・踏みしろ、ブレーキの効き具合、駐車ブレーキレバーの引きしろ、ブレーキオイルの量・汚れ、パイプ・ホースの損傷
操縦装置	ハンドルの遊び・ガタ・重さ
荷役装置	エンドローラ・サイドローラのガタ、リフトレバー・ティルトレバーの作動状態、マスト・バックレストの損傷、リフトチェーンの張り・損傷、フォークの変形・取り付け
油圧装置	リフトシリンダ・ティルトシリンダの損傷、作動油の量・汚れ、作動油タンクの損傷、切替弁の機能
車輪	空気圧、磨耗・かみ込み、ホイルナット・ボルトの緩み
灯火装置・方向指示器・警報装置	作動状態

指差し呼称のポイント

「荷の下には入らない、入らせない　ヨシ！」

すぐに実践シリーズ

こうすれば安全！
フォークリフト作業

平成28年3月25日　第1版第1刷発行

編　　者	中央労働災害防止協会
発 行 者	阿部　研二
発 行 所	中央労働災害防止協会

　　　　　〒108－0014　東京都港区芝5-35-1
　　　　　TEL〈販売〉03（3452）6401
　　　　　　　〈編集〉03（3452）6209
　　　　　URL　http://www.jisha.or.jp/

印　　刷	（株）丸井工文社
イラスト	田中　斉
デザイン	納富　恵子

©JISHA 2016　　24092-0101
定価〈本体250円＋税〉
ISBN978-4-8059-1682-7　C3060　¥250E

本書の内容は著作権法によって保護されています。本書の全部または一部を複写（コピー）、複製、転載すること（電子媒体への加工を含む）を禁じます。